Buku batu filsuf

Alkimia

STEVEN SCHOOL

ISBN:1540397599
ISBN-13:9781540397591

PEMBERITAHUAN

DEDIKASI

Ini karya didedikasikan untuk generasi modern ingin tahu pikiran dan dipengaruhi oleh tangan waktu. Ini adalah saluran Alkimia atas karya besar matahari dan bulan atau pemisahan dan hubungannya daripadanya pada waktunya proporsi seperti yang dilakukan sesuai dengan alam.

ISI

UCAPAN TERIMA KASIH

Seperti Bapa Agung dan mulia lampu telah mengatakan
kepada kami di loh-loh batu zamrud, memiliki kelahirannya di
bumi, angin (air) telah membawanya dalam perut, kekuatan itu
Maha mendapatkannya dalam api, dan dari ini hal yang satu,
datang semua hal adaptasi.
Garam ke kayu salib.
S.A.S. 2016.

www.howtomakethephilosophersstone.com

1 PENGENALAN

Dalam dunia kuno Alkimia ada dua jenis orang, orang yang mengenal rahasia seni dan mereka yang tidak. Kedua-dua kelas orang yang digambarkan dalam Alkitab sebagai orang yang bodoh dan bijaksana dan ini juga dilambangkan oleh kebangkitan Adam dan Hawa ketika mereka dikonsumsi buah terlarang pohon pengetahuan baik dan jahat. Itu telah ditulis bahwa para gembala cenderung kawanan domba, sedang orang-orang yang dilarang mengambil bagian pengetahuan rahasia tersebut agar pemisahan kelas jika setiap orang sama maka tidak akan ada raja atau Ratu untuk memerintah dunia bawah. Sepanjang sejarah telah ada pertemuan rahasia persatuan rahsia ditandai dengan simbolisme yang ditemukan di mana-mana. Piala rahasia, minum rahasia, minum saudara, dan hidup adalah motto yang memprakarsai. Yesus pada Perjamuan terakhir, memegang cangkir kayu, holy grail bagi semua untuk melihat tetapi dipahami dengan bijaksana. Beberapa pilihan atau yang diterangi. Ilmu kuno mencakup topik banyak besar seperti kedokteran, ilmu pengetahuan, metalurgi, matematika, Astrologi, astronomi dan banyak lagi. Hermes Trismegistus disebut ayah dari ilmu pengetahuan dan dikreditkan dengan menjadi seorang tokoh kunci dalam pengembangan lebih lanjut seni Hermetik. Orang Mesir kuno digunakan ankh sebagai simbol mereka untuk hidup kekal karena mereka percaya bahwa manusia dimaksudkan untuk hidup selamanya di kesehatan yang sempurna tanpa penyakit atau kematian. Teori ini ditandai dengan pohon kehidupan yang ada tertulis dalam Alkitab. Ada beberapa orang yang percaya pohon oak Perkasa dapat hidup selama ribuan tahun dan lebih lanjut bahwa karena Allah menciptakan segala sesuatu yang sama untuk tumbuh dan berkembang biak di seperti jenis, jadi itu juga seharusnya dengan kami dan dengan semua hal-hal lain termasuk logam dan batu-batu. Kehidupan kekal ditandai oleh pohon kehidupan dan dilambangkan oleh rahasia Taman Eden disebut untuk pilihan beberapa yang menemukan cara atau sebaliknya dimulai, diterangi yang berjalan di bumi sebagai "Dewa" mengingat diri untuk menjadi lebih dari sekedar manusia hanya karena mereka memiliki pengetahuan yang telah dipotong dari orang lain selama ribuan tahun. Yesus dikatakan telah menjadi seorang tukang kayu, dan kebanyakan orang tahu bahwa mereka bekerja dengan kayu. Dia juga dikatakan telah pergi tanah secara ajaib menyembuhkan orang sakit dengan kuantitas bubuk berwarna keputihan. Proses Alkimia primitif dimulai dengan rumus sederhana api dan air untuk bertindak atas hal. Ini juga terlihat ketika berbagai suku Indian dibangun kano di mana mereka akan memilih sebuah pohon yang jatuh dan menggunakan api untuk dicungkil sebelum quenching dengan air. Mereka akan kemudian mengikis keluar bagian hangus dan mengulangi pekerjaan ini sampai perahu yang berbentuk dan siap untuk digunakan. Mereka menemukan jauh lebih mudah untuk memotong kayu dengan api daripada dengan alat-alat tangan seorang pekerja Umum dan ini adalah Alkimia, rumus kuno api dan air. Berikut adalah poin yang menarik untuk mempertimbangkan sambil kita membuat kemajuan di seluruh buku ini.

Steven School. 2016.

2 OBAT-OBATAN KUNO

Pohon kehidupan.

Alkemis kuno percaya bahwa penyakit dan kesakitan dalam tubuh yang hanya efek samping atau gejala ketidakseimbangan ph individu, sementara isu-isu yang melibatkan pikiran dikaitkan dengan amonia dalam otak atau aliran darah. Mereka juga percaya satu obat, obat universal yang akan menetralisir asam atau bahkan amonia dan membawa kita kembali ke keseimbangan ph basa sehingga tubuh bisa menyembuhkan atau memperbaiki dirinya sendiri dengan menghasilkan sel-sel baru. "Obat" ini dikatakan telah menyebabkan penguatan anggota badan (tulang), dan juga mengatakan untuk diketahui oleh kenyataan bahwa hal itu menyebabkan tanaman untuk berkembang. Mereka percaya bahwa mungkin kita tidak pernah dimaksudkan untuk layu dan mati melainkan terus tumbuh seperti pohon yang perkasa ek, di sini di taman yang dibangun bagi kita. Selama bertahun-tahun aku telah mendengar cerita tentang pengalaman menjelang kematian yang termasuk lampu putih cemerlang dan dongeng kemuliaan dan keindahan. Aku punya berita, ketika aku adalah seorang anak dari sekitar lima atau enam tahun, nenek saya membawa saya di sebuah jalan perjalanan ke Tehachapi karena ia ingin melihat tanah untuk dijual dengan harapan membangun rumah impian nya untuk pensiun. Untuk membuat cerita panjang pendek, saya akan mendapatkan hak untuk titik masalah. Ketika dia bertemu dengan personel penjualan aku ditinggalkan di Taman Bermain yang telah salah satu yang tinggi logam slide khas dari awal hingga tengah sembilan belas tahun tujuh puluhan. Anak-anak lebih tua mengetuk saya dari slide dan saya mendarat di punggung saya di atas pasir, aku memukul bagian belakang kepalaku di footer beton untuk salah satu yang mendukung tegak. Dunia mulai berputar dan kemudian semuanya pudar menjadi hitam. Aku terbangun tiga hari kemudian di rumah sakit dan nenek saya sedang duduk oleh tempat tidur saya. Dia bilang aku sudah gegar otak dari memukul kepalaku di beton, tetapi ketika saya mendarat di punggung saya hatiku telah berhenti. Dia mengatakan kepada saya bahwa pada saat tiba paramedis hatiku tidak berdetak, aku tidak punya pulsa, saya juga adalah tidak bernapas. Aku benar-benar tidak responsif dan mereka memberitahu bahwa saya sudah mati. Nenekku adalah histeris, mereka mencoba segala sesuatu yang mereka bisa, dan mereka berhasil melakukan beberapa baik tampaknya karena aku bangun tiga hari kemudian. Banyak tahun berlalu dan aku berpikir kembali ke waktu itu, mengingat apa yang telah terjadi. Aku bahkan mulai untuk menggambarkan peristiwa lain setiap kali saya mendengar orang berbicara tentang orang-orang di TV yang menggambarkan kehidupan setelah kematian atau pengalaman menjelang kematian dan sebagainya. Menurut apa yang saya pergi melalui pemahaman saya adalah bahwa saya telah ke sisi lain dan kembali. Apa yang saya lihat adalah apa-apa, kegelapan, kekosongan, adanya keberadaan. Waktu itu sudah pergi, tidak ada apa pun di sana yang membawa saya ke kesadaran bahwa jika kita untuk menemukan hidup yang kekal yang dijanjikan kepada

4

kita di dalam Alkitab bahwa itu harus datang sebelum kematian dan tidak setelah sejak kematian adalah kebalikan dari hidup. Segala sesuatu yang kita miliki dalam kematian, itulah kebalikan dari apa yang kita miliki dalam hidup, yin dan yang, putih dan hitam, cahaya dan kegelapan. Tidur kekal kematian, atau hadiah hidup kekal. Alkemis memiliki minat dalam oak Perkasa emas. Kekuatannya, umur yang panjang dan pertumbuhan terus-menerus. Pohon tarbantin itu emas, emas obat.

Suatu pagi aku bangun dan siap untuk pergi untuk bekerja, saya melihat sesuatu yang berbeda pada hari ini, lutut saya terluka dan mereka merasa seperti tulang terhadap tulang. Sendi tidak mau bekerja dengan benar dan aku bisa mendengar mengklik suara ketika saya mencoba untuk mendapatkan naik atau turun yang ternyata juga sangat sulit. Ini telah datang dengan cepat dan tak terduga. Aku mulai khawatir, akan saya menjadi lumpuh? Saya akan dapat berfungsi dan untuk mengurus diriku sendiri? Ini mendorong saya untuk penelitian masalah online dan hal pertama yang saya datang di selama pencarian internet yang menarik perhatian saya adalah bahwa sakit sendi dan terutama lutut adalah tanda hati tidak berfungsi. Aku tahu bahwa ketika aku lahir saya menciptakan apa yang dibutuhkan tubuh, tulang, tulang rawan, organ-organ vital, masalah otak, dll. Aku cepat menyadari bahwa ketika hati saya tidak berfungsi dengan baik, itu berhenti tubuh saya kemampuan untuk meregenerasi dan memperbaiki diri seperti alam telah dimaksudkan. Penelitian saya menunjukkan bahwa hati seharusnya bisa meregenerasi sel-sel baru untuk memperbaiki sendiri dalam jangka waktu tiga bulan. Aku meletakkan minuman beralkohol, meminum air es dengan irisan lemon segar. Aku pergi ke dua berbeda vitamin toko untuk mendapatkan suplemen serta memesan beberapa online yang mereka tidak melakukan. Aku mulai dengan susu thistle pil yang seharusnya menjadi baik untuk hati saya, saya juga memilih hiu tulang rawan pil, kapsul minyak ikan dan Echinacea teh herbal. Aku mulai naik sepeda lagi juga. Pertama satu lap di sekitar blok, lalu dua, lalu tiga... Lutut saya merasa hebat sekarang. Saya telah mendengar tentang orang lain yang memilih operasi sebaliknya yang dapat meninggalkan jaringan parut. Aku meletakkan iman saya di ibu alam pertama dan dia tidak membiarkan saya turun. Moral dari cerita ini, aku berhipotesis bahwa tubuh saya dimaksudkan untuk menyembuhkan diri sendiri! Lutut rematik yang hanya efek samping dari masalah mendasar! Aku hampir lupa untuk menyebutkan salah satu suplemen yang saya beli dan ini adalah salah satu saya sangat favorit, karang kalsium yang dikabarkan untuk membantu mengoksidasi tubuh di atas menjadi sumber kalsium dalam pendapat saya. Oksigen... nafas Tuhan! Ketika saya mempertimbangkan kisah alkitabiah orang seharusnya hidup selama seribu tahun atau lebih saya merenungkan kenyataan bahwa udara dan kualitas air pasti jauh lebih baik dalam waktu mereka. Ada ribuan mobil terjebak dalam lalu lintas jam sibuk terbakar pasokan oksigen berharga saya, tidak ada fluorida dan pengendalian kelahiran menjadi benar-benar dipompa ke keran saya. Dan kemudian ada tulisan-tulisan Alkitab yang menginstruksikan kita tidak memakan roti Beragi berarti ragi ragi yang merupakan organisme hidup yang feed pada gula untuk membuat alkohol. Saya percaya Alkitab benar tentang tidak menginginkan ini dalam tubuh kita. Ia juga mengatakan untuk tidak makan babi terpotong lidah, mikroorganisme?, parasit?, cacing? Saya juga ingin menyebutkan sesuatu yang saya temukan baru-baru ini, kentang dan tomat adalah anggota dari keluarga nightshade tanaman. Nightshade beracun. Kentang dan tomat namun hanya sangat sedikit beracun namun karena ini banyak alami penyembuh menyarankan untuk tidak makan mereka, tidak ada lain kentang goreng dengan saus tomat, kentang tumbuk, salad kentang, dll. Saya mengembangkan varises prematur di bagian kehidupan ini saya yakin adalah karena menerima luka bakar derajat ketiga tetapi tidak semuanya. Saya telah avid peminum kopi bagi banyak orang, bertahun-tahun sekarang. Aku minum itu pagi, siang, sore hari atau bahkan malam. Satu teko kopi adalah cukup bagi saya pada waktu sarapan pagi. Saya memutuskan untuk berhenti minum tetapi setelah enam jam pikiran dan tubuh saya mengatakan dude, ke neraka tidak! Aku merasa seperti otak saya telah menyusut, tampaknya sekarang adalah spons untuk kafein. Setelah semua ini beberapa tahun atas terlibat hal ini membuktikan kebiasaan yang sulit untuk istirahat. Penelitian saya menunjukkan bahwa pembuluh darah tidak tangguh, saya tidak percaya bahwa mereka memiliki elastisitas apapun kepada mereka yang berarti jika mereka yang meregang, mereka tidak kembali kembali ke bentuk atau ukuran asli mereka. Kopi mengandung kafein yang mendapatkan darah memompa kecepatan penuh ke depan buddy, tapi apa yang terjadi ketika efek memudar? Pembuluh darah saya masih longgar dan memanjang keluar?, saya berpikir begitu. Jika hipotesis ini benar kemudian akan itu tidak mempengaruhi sistem kardiovaskular saya? Setidaknya kafein adalah memompa saya suplemen kalsium karang seluruh tubuh saya. Adalah bahwa saat ini saya single aku makan barang-barang beku dikemas sebagian besar juga. Ini telah menjadi perhatian saya karena saya terus mendapatkan pertumbuhan kecil di bagian belakang kepalaku. Kanker datang ke pikiran dan untuk beberapa alasan naluri saya memberitahu saya untuk mempertimbangkan microwave. Sekarang, mari kita kembali ke kuno pengobatan. Jadi para alkemis dari lama lalu kata untuk percaya dalam obat universal, elixir emas, emas soma. Pohon kehidupan alkitabiah yang datang ke pikiran saya di sini, dimana hal ini?, apakah hal ini? Mari kita mulai dengan kata pertama dari uraian, pohon. Seperti sebuah tamparan di wajah mungkin yang sederhana? Resi kuno menulis tentang mereka golden dahan atau cabang emas mereka, serta soma emas, atau obat mujarab emas. Dalam teka-teki mereka, mereka mencintai menari di sekitar dan petunjuk pada pohon ek. Orang tertentu dalam pikiran saya, pohon ek emas. Aku meraup abu dari saya perapian, (ek abu), saya tanah mereka untuk bedak dan dipanggang mereka menggunakan hidangan casserole dalam oven. Maksud saya adalah untuk membersihkan abu panas dengan membakar kotoran mudah terbakar. Aku meletakkan hal didinginkan ke dalam teko kopi saya dengan beberapa filter ditumpuk dan diseduh itu seperti kopi. Air yang mengisi pot adalah warna emas, saya menguap beberapa kekeringan dan ditinggalkan dengan bubuk putih. Garam alkali kalium karbonat adalah topik yang menarik ketika kita menggali ke dalam tulisan-tulisan yang meletakkan ke depan dalam bagian ini. Para alkemis kuno memperingatkan bahwa terlalu banyak (berlebihan) atas rahasia mereka "obat mujarab" akan api tubuh dan knalpot Roh. Hipotesis pribadi saya sendiri adalah bahwa terlalu banyak kalium mungkin dapat menyebabkan serangan jantung. Aku melihat bahwa ketika aku memercikkan abu ke kebun saya tampaknya menjadi makanan tanaman terbaik yang pernah saya lihat, hal itu menyebabkan vegetasi di Scotland yard saya berkembang, subur dan hijau. Aku Taburi sekitar abu kayu dan kemudian menunggu untuk alam Ibu untuk membawa hujan. Air hujan dan abu yang menyebabkan tanaman saya berkembang. Dua ribu tahun yang lalu di abad pertama Plinius tua menulis Historia Naturalis yang saya percaya berarti sejarah alam. Dua ribu tahun membawa kita kembali ke kedalaman Alkimia. Apa tempat yang tepat untuk menggali untuk wawasan ilmu kuno! Tulisan-tulisan tentu yang tampaknya tidak pernah berakhir tetapi menghasilkan permata. Pada masa itu, Pliny menyarankan bahwa satu mungkin membiarkan hearth Mu menjadi dada pengobatan Mu. Perapian adalah sebuah perapian dan apa apakah mengandung tetapi abu kayu? Arkeolog telah menemukan tulang gladiator tua dari zaman Romawi. Sementara mempelajari sisa untuk menentukan apa diet mereka mungkin, itu bertekad bahwa mereka minum minuman obat abu dari api unggun dicampur dengan air. Saya percaya hal ini juga tinggi strontium. Laporan menunjukkan bahwa minuman ini membantu kecepatan pemulihan dari luka dan tulang-tulang mereka juga dilaporkan telah lebih kuat atau lebih padat daripada orang-orang biasa waktu. Saya ingat bahwa Yesus seharusnya berjalan tanah menyembuhkan orang sakit, dia dikatakan telah menjadi seorang tukang kayu dan mereka bekerja dengan kayu. Beberapa orang percaya bahwa ia memiliki sebuah tas putih bubuk yang ia ditambahkan ke air, (mengubah air menjadi anggur). Aku telah mendengar beberapa pendapat bahwa holy grail adalah Yesus cangkir, dan bahwa hal itu seharusnya terbuat dari kayu. Saya percaya bahwa dalam gambar Perjamuan Terakhir ia mungkin sambil mengangkat sebuah cangkir bagi dunia untuk melihat. Kayu, api, dan air, minum, obat, Alkimia. Mungkin rahasia yang dimaksudkan hanya untuk mereka yang memiliki mata untuk melihat? Mari kita lihat apa Musa yang mengatakan, tidak dia seharusnya telah tinggal selama sekitar 986 tahun atau lebih?

KELUARAN 32:20 VERSI STANDAR BAHASA INGGRIS.

Dia mengambil anak lembu bahwa mereka telah dibuat dan dibakar dengan api dan tanah untuk bedak dan tersebar di atas air dan membuat bangsa Israel meminumnya.

Saya percaya bahwa lama yang lalu, di era lupa sebelum video game diciptakan, bahwa beberapa orang yang digunakan untuk mengukir patung-patung dari kayu.

Garam dunia?, garam bumi?

Matius 5:13King versi James (KJV)

[13] Kamu adalah garam bumi: tetapi jika garam telah kehilangan nya yang harum kaupakai akan menjadi asin? Sejak itu baik untuk apa-apa, tetapi akan dibuang, dan diinjak orang.

Yohanes 4:13-14King versi James (KJV)

[13] Yesus menjawab dan berkata kepadanya, barangsiapa minum air ini akan haus lagi:

[14] Tetapi barangsiapa minum air yang akan kuberikan kepadanya tidak akan pernah Haus; tetapi air yang akan kuberikan kepadanya, akan menjadi kepadanya mata air yang terus-menerus memancar kepada hidup yang kekal.

Saya ingin menyebutkan sekarang pendapat saya pada pohon pengetahuan baik dan jahat. Pohon itu dari mana Adam dan Hawa berkata kepada telah makan dan minum buah terlarang. Terlarang, dilarang, dilarang, ilegal, dianiaya, dituntut, dikeluarkan dari Taman bayi.

Kejadian 2:16-17King versi James (KJV)

[16] Dan Tuhan memerintahkan orang itu, mengatakan, setiap pohon Taman engkau boleh makan dengan bebas:

[17] Tetapi pohon pengetahuan baik dan jahat, janganlah engkau memakan itu: Sebab pada hari engkau memakannya, pastilah engkau mati.

Aku akan berbagi pemahaman saya tentang hal ini dalam istilah sederhana, ganja tidak tanaman, pohon. Saya telah melihat pohon-pohon besar dan tinggi, dan dengan kulit pada mereka. Apa tanaman tumbuh kaki delapan belas atau lebih tinggi dengan kulit tebal di atasnya? Sebuah pohon. Para peneliti sekarang berteori bahwa ganja menyebabkan neurogenesis yang merupakan kemampuan tubuh untuk memperbaiki sendiri otak yang rusak oleh tumbuh sel-sel baru. Mengingatkan saya pada hati saya dan lutut saya yang kita bahas sebelumnya. Konsumsi "buah terlarang" tampaknya merangsang pemikiran mendalam. Ada beberapa orang di luar sana yang berhipotesis bahwa bahan ini mungkin memiliki kualitas terhadap hal-hal seperti kanker penyembuhan. Ini juga telah dikabarkan bahwa zat ini mungkin memiliki kemampuan untuk memperbaiki kerusakan otak yang disebabkan oleh konsumsi alkohol berlebihan. Mari kita maju sekarang, ke subjek berikutnya yang saya ingin menutupi.

Sepanjang sejarah cuka telah digunakan sebagai tonik obat sering diresapi dengan hal-hal seperti rempah-rempah, rempah-rempah, minyak esensial, bawang putih, bawang, kunyit atau berbagai macam hal-hal lain. Ini telah digunakan secara topikal serta internal. Saya minum jumlah yang kecil sekali-sekali diencerkan dalam air es, saya juga kadang-kadang menggunakan sedikit cuka sari apel topikal pada psoriasis saya. Rumah obat lain yang saya telah mencoba adalah sedikit baking soda dalam segelas air. Aku berhipotesis bahwa itu mungkin alkalizing atau mungkin menyeimbangkan PH. Saya lebih lanjut menduga bahwa hal itu dapat menetralkan amonia di dalam aliran darah yang tentu saja hanya pikiran atau pendapat saya dan tidak merupakan nasihat dari jenis apa pun.

Kuno Yunani praktisi obat-obatan seperti Hippocrates (400 SM) adalah dikatakan telah dicampur cuka sari apel dengan madu sebagai medikamen untuk berbagai penyakit. Cuka juga seharusnya digunakan sekitar 218 SM runtuh batu-batu besar. Api yang dibangun terhadap batu-batu besar untuk membuat mereka sangat panas dan kemudian cuka dituangkan pada menyebabkan boulders Crack. Air dan api, Alkimia di tempat kerja, saya berharap mereka memakai kacamata keselamatan mereka. Saya percaya kita telah membahas Cleopatra melarutkan mutiara di cuka dalam bagian tentang batu permata Alkimia. Ada desas-desus bahwa cuka mungkin berguna dalam pengurangan atau penghapusan mikroorganisme. Selama masa Yesus cuka juga dipanggil anggur yang dapat dilihat di dalam Alkitab dan hal ini menarik karena dapat membantu untuk mengerti ayat tertentu dari buku itu. Selama pertengahan cuka diresapi dengan bawang putih dan dikonsumsi sebagai minuman obat untuk menangkal wabah. Dalam modern kali ini seharusnya disebut empat pencuri cuka. Cuka telah digunakan di masa lalu sebagai antiseptik untuk bersih dan disinfeksi luka. Para alkemis Eropa pertengahan juga diketahui telah menggunakan cuka dalam karya-karya mereka Alkimia mengenai Batu Bertuah.

Seperti pohon tumbuh larut dalam mineral dan nutrisi yang membawa ke dalamnya oleh air yang mana mereka secara teoritis menjadi terkunci dalam kayu. Alkemis percaya bahwa ini blok bangunan alam bisa dirilis dan dipisahkan melalui tindakan api dan air. Dari kegelapan datang putih, putih merpati.

3 RAHASIA API

Dalam meneliti sejarah Alkimia satu cenderung datang di referensi ke air rahasia yang diyakini diperlukan untuk melakukan atau melakukan pekerjaan besar magnum opus. Zat ini dikabarkan untuk mengandung apa yang disebut para alkemis rahasia api. Dalam tulisan Theophrastus Paracelsus dia menyarankan bahwa air ini dijual oleh apotek zamannya. John Pontanus menulis bahwa ia telah gagal upaya lebih dari dua ratus pada pembentukan batu nya sampai ia membaca karya Alkimia tertulis Artephius yang dia dikreditkan untuk memberikan pemahaman yang lebih baik dari masalah. Jadi apa adalah air tampaknya sukar dipahami ini?

Dari tulisan-tulisan Artephius, ARGENT VIVE.

Alkemis senang berkomunikasi melalui simbolisme, kode rahasia dan anagram seperti argent vive. Hanya mengatur ulang huruf untuk mengungkapkan rahasia... VINEGARET. Cuka dalam terminologi modern.

Dalam Nicholas Flamels Surat kepada saudaranya ia menyebutkan nasihatnya tentang subjek ini, (tahu dengan apa agen Anda "raksa" harus diperkaya dengan atau itu akan menjadi seperti air umum).

Cuka putih adalah sebagian besar air suling dengan sejumlah kecil dari asam asetat. Asam asetat adalah "api rahasia" terkandung dalam air yang diperlukan untuk melakukan Alkimia magnum opus. Di zaman modern ini hanya disebut jalan asetat logam.

Kunci rahasia yang membuka logam.

4 BATU BERTUAH

Istilah batu filsuf terdengar bagi kebanyakan orang seolah-olah itu menyimpulkan satu rahasia dan mistik batu, sementara Namun lain masih percaya bahwa mungkin itu bahkan mitos di alam. Kita akan mulai bagian ini dengan pencahayaan dari apa yang "batu". Alkimia adalah studi dan atau replikasi alam. Sederhana dan kuno metode api dan air bertindak atas hal. Alkemis tahu tiga dasar bidang pekerjaan, tanaman, hewan, dan mineral alam. Obat-obatan untuk mamalia itu dikatakan ditemukan di dua kerajaan sementara tincture untuk mineral logam dan batu-batu permata diyakini dapat ditemukan di kedua. Metode bekerja dalam Kerajaan mineral telah disebut dalam zaman jalan asetat logam modern. Bijih logam yang bekerja atas oleh Resi kuno dengan cuka untuk menghasilkan asetat logam beracun yang diproses lebih lanjut ke dalam hipotetis filsuf 's batu. Karena ada lebih dari satu bijih logam yang akan kompatibel dengan jalan asetat logam, ada lebih dari satu batu filsuf. Terdapat banyak batu yang berbeda karena ada seperti bijih yang kompatibel. Setiap "batu" memiliki spektrum warna sendiri sesuai dengan kandungan mineral bijih. Bijih beberapa mungkin sulit untuk memecah sehingga mereka mungkin telah lebih kompatibel dengan jalur kering yang dimulai dengan memanggang. Aku merasa sangat penting untuk dicatat di sini meskipun bagian ini bukanlah tentang teknik atau metode namun memanggang bijih diproduksi yang disebut beracun nafas naga yang membunuh atau membunuh segala sesuatu di jalan. Jangan mencoba hal ini di rumah, tidak bernapas asap apapun, tidak mengkonsumsi zat. Buku ini ditulis untuk tujuan referensi sejarah saja dan tidak dimaksudkan untuk merupakan nasihat dari jenis apa pun. Jadi teoritis di sana dapat sebagai banyak batu filsuf berbeda karena ada metalik bijih kompatibel dengan jalan asetat logam. Alkemis diciptakan pewarna untuk banyak hal seperti kaca, kain, piring, piring, cangkir, gelas, permadani, dan menurut legenda logam serta batu permata. Setiap batu mempunyai spektrum warna sendiri seperti yang kita telah disebutkan sebelumnya. Contoh ini akan menjadi merah untuk besi (Mars) sementara besi dan belerang (besi pirit) dikaitkan dengan warna emas. Menurut kepercayaan Alkimia alchemist dibantu alam dalam penciptaan batu mereka, bahan-bahan yang bekerja atas dipilih oleh spektrum warna sesuai dengan maksud dari setiap seniman individu. (Yang mereka dimaksudkan untuk menggunakan mereka batu untuk). Dan ide dasarnya adalah bahwa ini diberikan warna untuk batu-batu permata Alkimia serta transmutasi (penggabungan) logam. Ada beberapa orang yang percaya bahwa ketika alam menciptakan batu permata dalam kerak bumi yang warna berasal dari patah ke bawah atau didekomposisi bijih logam. Hal ini menarik karena banyak hard rock emas penambang percaya bahwa emas sering ditemukan di vena Limonite dimana besi pirit kristal memiliki didekomposisi. Jadi mungkin praktisi ilmu kuno dimaksudkan untuk mengikuti pekerjaan alam dalam menciptakan dan atau mewarnai logam dan permata. Keyakinan lain adalah bahwa segala sesuatu turun atau berkembang menuju emas dari waktu ke waktu dan hal ini menarik ketika saya melihat pyritized fosil. Matahari pirit, (matahari Alkimia terdengar akrab di sini) siput pirit, pirit telur, dll didekomposisi pirit kristal dalam vena limonite, emas.

Beberapa orang seperti untuk memikirkan batu sebagai sebuah kristal garam, dan membandingkan pekerjaan dasar kristal tumbuh.

Ini akan muncul untuk menyederhanakan hal.

5 JALAN BASAH GUALDUS

Trituration-grind ke bubuk halus, sebagai baik sebagai pelukis menggiling warna. Kredit - Theophrastus Paracelsus.

Mikrokosmos disegel alkemis. Dalam istilah modern ini mungkin disebut ekosistem. Masalah adalah tanah menjadi bubuk dan ditempatkan ke dalam cekatan (bagian satu). Cuka ditambahkan (bagian dua). Alkemis menyukai untuk memulai pekerjaan yang besar di musim semi dan kemajuan melalui bulan-bulan musim panas yang sesuai dengan sifat sehingga tidak panas eksternal diperlukan. Suhu kamar atau sinar matahari untuk penyulingan solar. Sebagai Flamel berkata, kehangatan ayam menetas. Dalam bulan-bulan musim dingin alkemis beberapa kapal mereka terkubur di bawah rumah mereka di tanah ketika menggunakan metode satu kapal, orang lain menggunakan kotoran kuda segar, abu yang hangat, bahkan alkali untuk menjaga kaca hangat atau dekat dengan suhu tubuh. Pekerjaan berjalan perlahan-lahan dan alami, melarutkan, penggalian, penyubliman, beredar, meninggikan, penyulingan. Agen dan pasien, volatile dan tetap

Cuka bubar materi cekatan mulai melepaskan asam sulfat alami di pirit besi. Cairan bening ini disebut darah singa hijau (besi sulfida) dan lembut suling atas helm dengan cuka putih oleh tangan alam, alkemis memperingatkan bahwa praktisi hanya menetapkan kondisi yang tepat, alam melakukan pekerjaan, tanpa penumpangan tangan. Dalam jawaban terjadi perubahan warna berjalannya pekerjaan. Hitam, putih, kuning, burung-burung merak ekor, dan merah.

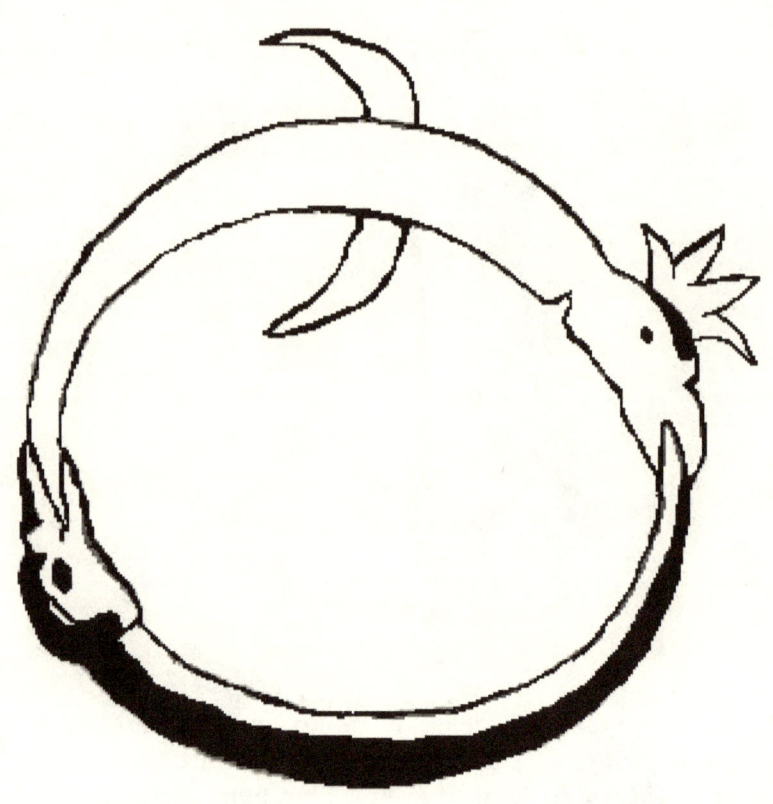

Apa Ourobos berarti, pirit tetap besi di kapal di bawah ini, cuka mudah menguap meninggalkan masalah dan akan lebih dari pucuk pimpinan cekatan, hal ini dalam lingkaran karena itu akan kembali lagi dan lagi. Ketika muncul lahan kering, (pirit kering) cuka dalam wadah dituangkan kembali kepada pirit besi. Setiap kali menyelesaikan satu ini terjadi mengubah roda Alkimia. Dengan masing-masing pengulangan cuka mengambil asam sulfat lebih dari masalah dibubarkan, perkalian atau peninggian (sirkulasi) ini dilanjutkan sampai semua "emas" (asam sulfat) pergi helm. "raksa" tujuh elang dikatakan bergoyang bulan (memproduksi batu putih), "raksa" sepuluh elang dikatakan memiliki kekuatan untuk pengadaan matahari, (finish meninggikan pirit ke Batu Bertuah). Kapan cuka telah mengambil asam sulfat alih pucuk pimpinan ke dalam wadah alkemis kuno kemudian menyebutnya "kami paling tajam cuka", atau "baik digerakkan mercury".

Digerakkan = diaktifkan. Cairan menjadi lebih kuat atau lebih kuat dengan tiap giliran roda Alkimia. "Membakar" atau "calcining" masalah dengan "air" tidak api. Maka istilah alkemis membakar dengan air tidak api. Calcination falsafah di "jalan basah".

Ourobos ini merupakan karya besar matahari dan bulan, raja dan Ratu, volatile dan tetap.

Sirkulasi setiap seharusnya ditinggikan masalah lebih lanjut.

6 METODE SENDIVOGIUS

Satu kapal. Jalan basah.

Masalah adalah tanah menjadi bubuk dan ditempatkan ke dalam kapal. Cuka ditambahkan dan atas ditutupi dengan penutup debu bernapas untuk membiarkan penguapan terjadi sementara menjaga serangga atau debu keluar. cuka larut, ekstrak dan sublimes masalah. Dalam jenis alkimia sublimasi masalah terlarut naik dalam cairan dan mematuhi sisi kaca di bagian atas sementara kotoran jatuh ke bawah stoples. Pada kekeringan pirit besi adalah dibasahi lagi dengan cuka segar dan proses ini diulang sebelas kali. Hal pertama logam (Flamels mercurial menghaluskan atau batu putih) hipotetis menempel kaca pertama, di imbibitions kedua yang tetap garam (Alkimia biji emas) akhirnya dibebaskan dari bijih patah ke bawah. Dua bercampur dalam air selama imbibitions terakhir yang meninggalkan philosopher's "batu" terjebak ke bagian atas tabung mana itu bisa dikerok dari setelah diizinkan kering. Ada dikatakan sebagai langkah lain setelah mercurial menghaluskan atau "perawan milk" dikumpulkan dan itu disebut inceration yang adalah untuk "memperbaiki" masalah, dan untuk menulisnya fusible seperti lilin sehingga akan tahan api, dan ini dilakukan di panas. Sekarang mari kita memahami hal ini dalam kata-kata Sendivogius dari cahaya kimia baru.

Hal pertama logam adalah dua kali lipat, dan satu tanpa yang lain tidak dapat membuat logam. Pertama dan utama substansi yang kelembaban udara yang bercampur dengan kehangatan. Zat ini Resi telah disebut Merkurius, dan di laut filosofis hal itu diatur oleh sinar matahari dan bulan. Substansi kedua adalah kering panas bumi, yang disebut belerang.

Penampilannya adalah yang berminyak air mengikuti segala sesuatu yang murni dan murni; Namun di beberapa tempat terdapat lebih berlimpah daripada orang lain karena bumi lebih terbuka dan berpori di satu tempat daripada yang lain, dan memiliki kekuatan magnet yang lebih besar. Ketika itu menjadi nyata, itu mengenakan jubah tertentu, terutama di tempat-tempat yang mana ia tiada berpegang teguh. Hal ini dikenal dengan fakta bahwa itu terdiri dari tiga prinsip; tetapi, sebagai zat logam hanya satu tanpa tanda-tanda terlihat hubungannya, kecuali bahwa yang telah atau bayangan, sulfur.

Logam diproduksi dengan cara ini: setelah empat elemen telah memproyeksikan kekuatan dan kebajikan ke pusat bumi mereka, mereka adalah, di tangan archeus (air) alam kemudian disuling dan sublimed oleh panas yang abadi gerak menuju permukaan bumi.

Untuk bumi berpori dan udara oleh distilasi melalui pori-pori bumi diselesaikan menjadi air yang keluar dari segala sesuatu yang dihasilkan. (archeus adalah cuka).

Seniman hanya memisahkan apa yang halus dari unsur-unsur grosser dan menempatkan ke kapal tepat. Alam melakukan sisanya. Salah satu muncul dua, dan dari dua muncul satu.

INCERATION.

"Susu perawan" yang dinyatakan dari sebagian dari batu yang kemudian dengan hati-hati diawetkan di oval berbentuk kapal penyulingan yang terbuat dari kaca dan hari kagum diganti oleh api mempercepat Ron.

Kredit, Michael Sendivogius.

Ini menyimpulkan jalan basah Sendivogius.

7 JALAN KERING FLAMEL

Di jalur basah Alkimia yang kita sudah diperiksa alchemist pertama dimasak mereka "api" di "air" dan kemudian kemudian panggang masalah yang disebut inceration. Jalan kering Alkimia adalah sama namun langkah-langkah hanya dibalik dan juga dikatakan lebih cepat. Jalan kering diyakini menjadi lebih berbahaya karena alchemist memanggang bijih mereka, sementara metode lagi basah seharusnya diproduksi produk akhir yang lebih baik. Selama memanggang bijih perubahan warna terjadi menampilkan semua warna burung-burung merak ekor termasuk apa yang disebut mandi dalam kemuliaan ungu dan api dilanjutkan sampai akhir merah tetap "belerang incombustible" dicapai. Api mogok masalah dan terbakar kotoran mudah terbakar. Ini mengakibatkan singa merah yang kemudian lebih lanjut diproses oleh menempatkannya di cekatan seperti metode Gualdus dan kemudian melanjutkan untuk imbibitions dengan cuka. Alchemist kuno yang kemudian melanjutkan dengan pemesanan atau sirkulasi sampai pemuliaan masalah lengkap. Theophrastus Paracelsus disukai alembic untuk Alkimia magnum opus (metode basah atau kering). Jadi untuk menyederhanakan ini, jalur kering adalah sama dengan jalan basah kecuali masalah secara menyeluruh panggang pertama. Selama sirkulasi perubahan warna terlihat lagi. Flamel menulis tentang hari ia akhirnya mencapai penguasaan, itu dikenal dengan bau tertentu yang memenuhi seluruh rumah yang mirip dengan honeysuckle di musim semi.

Nicholas Flamel diyakini telah menemukan rahasia dari Alkimia setelah seumur hidup belajar rajin, itu juga telah mengatakan bahwa bahkan dengan pengetahuan rahasia ia tetap penjual buku rendah hati dan dikenal untuk menyumbangkan jumlah yang besar untuk amal termasuk gereja-gereja, rumah sakit, dan perumahan untuk tunawisma. Kuburnya itu dikabarkan telah ditemukan kosong.

8 TRANSMUTASI LOGAM

Logam transmutasi logam telah merenungkan oleh para peneliti selama berabad-abad. Beberapa telah merenungkan fusi nuklir sementara lainnya menganggap fusi dingin. Para ilmuwan telah mengeluarkan hipotesis bahwa belerang unsur inti atom emas, beberapa telah menyatakan pendapat mereka bahwa ketika logam yang diproduksi secara alami di aktif lava mengalir delapan kali emas lebih mungkin dihasilkan jika belerang hadir dalam persamaan. Para alkemis kuno bereksperimen dengan ide memecah logam untuk mengekstrak garam mereka dan belerang prinsip-prinsip yang menggunakan filosofis "raksa" (cuka). Satu teori adalah bahwa mungkin prinsip-prinsip ini garam dan belerang yang akan bergabung atau menyatu bersama-sama untuk menciptakan sebuah batu. Saya percaya bahwa transmutasi tua terminologi dan bahwa di era modern ini kita mungkin menyederhanakan masalah dengan menyebutnya penggabungan. Dalam metalurgi primitif kalium karbonat digunakan sebagai agen fluxing untuk memurnikan logam serta untuk penggabungan. Abu kayu calcined arang dan tanah untuk bedak. Bahan ini dicampur dengan bijih logam dalam Krus dan dilebur sebelum menjadi dituangkan ke dalam cetakan dan memungkinkan untuk mendinginkan. Dihasilkan sepotong logam ini kemudian terlempar longgar dari cetakan dan ampas terkelupas kaki. Proses ini diyakini membersihkan logam dengan memisahkan kotoran ke kalium karbonat yang dipadatkan di atas. Hal ini tampaknya menjadi dasar yang mengarah ke penemuan baja (bentuk yang ditinggikan dari besi). Setelah logam telah dibersihkan dari kotoran yang sudah siap untuk penggabungan selama lebih dari fluks dapat ditambahkan. Pemahaman saya adalah bahwa logam akan telah kemudian telah dilebur lagi dalam sebuah wadah dengan agen fluxing atas kayu api, kemudian massa cair diaduk dengan tongkat besi sementara menjatuhkan "batu" ke dalam campuran. Aduk terus sampai efek yang diinginkan tercapai dan kemudian dituangkan ke dalam cetakan dan diperbolehkan untuk mendinginkan biasanya dalam bentuk Bar. Kecil indentasi yang menggores ke dalam tanah untuk melayani sebagai darurat cetakan dan amalgam dihasilkan dipanggil jari Bar. Ini adalah logam Bar kecil seperti jari dan dengan itu nama.

Athanor adalah tungku alkemis. Bahkan abu yang berguna untuk tujuan yang berbeda seperti yang kita lihat dalam buku ini.

9 BATU PERMATA ALKIMIA

Di Alkimia pekerjaan atau studi saya mulai percobaan ke calcination dari kayu ek. Aku punya tempat api pembakaran kayu, di mana saya mencoba untuk menggunakan hanya kayu sehingga abu saya bebas dari kontaminasi. Api terakhir telah lama berlalu dan aku meraup keluar beberapa abu ek hangus. Aku meletakkan bahan ini ke dalam stoples mason dengan tutup untuk tetap bersih untuk studi saya. Saya membeli hidangan casserole baru dengan tutup untuk sekitar lima belas dolar di toko lokal saya dan kemudian saya tanah beberapa abu ke bubuk halus di salah satu mortir kaca dan pestles. Aku meletakkan bahan ini ke dalam piring dan dipanggang dalam oven selama beberapa jam di sekitar 300 atau lebih derajat. Aku mematikan oven dan pergi tidur. Beberapa hari kemudian aku dipanggang selama beberapa jam, saya mengulangi prosedur ini beberapa kali dan meningkat panas setiap kali sampai aku sedang memanggang pada suhu tertinggi yang akan membuat saya pembakaran oven gas alam. Beberapa jam di sini, beberapa jam di sana, meningkatkan panas. Suatu hari saya dihapus didinginkan Tutup untuk melihat apa yang telah saya, saya mengharapkan untuk melihat cahaya abu-abu abu baik dikalsinasi... Namun ketika saya pertama kali dikumpulkan saya abu antaranya hitam potongan kayu hangus, yang saya punya tanah untuk bedak halus, sekarang sekali lagi aku beberapa potongan hitam bahan tampak seperti itu kembali dengan kondisi yang sudah di sebelum itu ditumbuk menjadi bubuk... menarik. Ada perbedaan Namun, potongan-potongan ini yang berbentuk seperti kotak dan persegi panjang dan mengingatkan saya pada batu-batu permata dipotong besar karena ukuran dan bentuk namun mereka tampak seperti benjolan hitam hangus. Saya memutuskan saya akan menggiling ini lagi dalam mortir dan alu, mereka sangat, dan maksudku sangat, sulit untuk istirahat. Aku takut bahwa saya mortir dan alu akan istirahat pertama namun aku akhirnya berhasil memecahkan salah satu potongan yang jauh lebih sulit daripada kayu. Aku mulai untuk merenungkan, kayu, abu, hangus, arang, karbon, panas... dan kemudian ia sadar aku. Para alkemis kuno yang dikabarkan memiliki kemampuan untuk membuat batu-batu besar permata yang indah. Dan kemudian pada saat itu masuk akal bagaimana mereka telah membuat penemuan, begitu sederhana, kebetulan benar-benar. Dalam studi ini bersifat rahasia hanya bisa jatuh ke dalam kepemilikan pengejar rajin. Sebuah penemuan yang sederhana. Tulisan-tulisan Theophrastus Paracelsus menawarkan wawasan serta pewarnaan Alkimia batu. Logam bhasmas, ekstrak dari bijih logam, ya batu filsuf dari gua-gua logam dan ditinggikan oleh tangan orang-orang. Meresapi dengan warna, warna indah biru, hijau, azul, api seperti emas yang disampaikan menjadi jelas batu mengingatkan saya tentang topaz, kecemerlangan berlian, merah indah Ruby yang diwarnai oleh besi (Flamels dewa perang), dan keanggunan belaka zamrud. Dahulu juga diyakini memiliki kemampuan untuk melarutkan mutiara dengan maksud untuk menggunakan tingtur dihasilkan untuk membuat lebih besar atau lebih berharga mutiara. Berikut adalah sedikit goody yang saya temukan dalam penelitian saya yang cocok dengan baik di sini. Ratu Cleopatra Mesir dikatakan telah dibubarkan mutiara dalam cuka sebelum mengkonsumsi sebagian tingtur dihasilkan yang dia diyakini memiliki sifat obat atau beberapa jenis kesehatan manfaat. Ini memberikan porsi yang baik di sini dari bagaimana orang dahulukala mungkin telah mulai bekerja untuk menciptakan Alkimia mutiara.

10 TEORI WAKTU PERJALANAN

Waktu diukur sebagai bumi berputar pada porosnya. Satu revolusi pada dasarnya setara dengan 24 jam atau satu hari. Seperti ini terjadi juga bumi berputar mengelilingi matahari yang merupakan pusat semesta kita kontra searah. Dalam mode ini waktu bergerak maju. Dalam satu tahun cahaya dapat melakukan perjalanan kira-kira 6 trilyun mil yang sama dengan satu tahun cahaya. Bumi bertahun-tahun dan tahun cahaya diukur berbeda dan jadi untuk perjalanan dalam ruang adalah melakukan perjalanan dalam waktu. Karena bumi berputar kontra searah jarum jam, jika kerajinan atau "objek" yang mengorbit bumi dalam arah yang sama saat bepergian di kecepatan cahaya itu secara teoritis dapat bepergian ke masa depan. Jika kerajinan berbalik arah ini akan dianggap perjalanan kembali ke masa lalu. Titik lain yang menarik untuk mempertimbangkan adalah bahwa kadang-kadang pesawat terbang dari satu zona waktu ke yang lain, bayangkan meninggalkan malam ini dan tiba kemarin pagi, sekarang kalikan bahwa dengan lebih dari seratus juta kali dengan meningkatkan kecepatan.

Steven and Belle.

MATIUS 5:13

[13] Kamu adalah garam bumi: tetapi jika garam telah kehilangan nya yang harum kaupakai akan menjadi asin? Sejak itu baik untuk apa-apa, tetapi akan dibuang, dan diinjak orang.

[14] Kamu adalah terang dunia. Sebuah kota yang terletak di atas bukit tidak dapat menyembunyikan.

[15] Tidak melakukan pria cahaya lilin, dan meletakkannya di bawah gantang, tetapi pada candlestick; lalu ia cahaya kepada setiap orang di rumah.

Makam Nicholas Flamel ditandai dengan simbol-simbol Alkimia aneh yang orang yang tidak mengerti, dan ini termasuk matahari, di atas sebuah kunci, di atas sebuah buku. Matahari mewakili matahari Alkimia, matahari pirit, besi pirit kristal. Kunci mewakili putih cuka, dan buku, adalah kitab Abraham Eleazer.

TENTANG PENULIS

Beberapa telah mengajukan pertanyaan, jika Anda menemukan pengetahuan Alkimia mengapa Anda berbagi dengan dunia dan bukan hanya menyimpannya untuk diri sendiri?

Amsal 3:16
Diberkati adalah dia yang menemui hikmat;
Ia adalah lebih berharga daripada mutiara;
Dan tidak ada yang Anda inginkan yang sebanding dengan dia;
Panjang hari adalah di tangan kanan-Nya;
Di tangan kiri adalah kekayaan dan kehormatan;
Semua cara nya menyenangkan;
Dan semua jalur-jalur nya perdamaian;
Sesungguhnya, Dianna meluncurkan.

S.A.S. 2016.

www.howtomakethephilosophersstone.com